AF590104

ÉTUDE

SUR LES

COLONIES AGRICOLES D'ALIÉNÉS

ÉTUDE

SUR LES

COLONIES AGRICOLES

D'ALIÉNÉS

PAR LE Dr F. LAGARDELLE

Lauréat de la Société médico-psychologique,
mentions honorables et médaille d'argent de l'Académie de médecine,
membre de la Société des sciences industrielles, arts et belles-lettres de Paris,
de la Société des Archivistes de France,
de la Société médico-chirurgicale de Bordeaux,
ex-interne de maison de santé de Paris,
ex-médecin-adjoint des Asiles de Dijon et de Bordeaux,
ex-médecin en chef de l'Asile de Niort,

DIRECTEUR-MÉDECIN
DE L'ASILE DÉPARTEMENTAL DE L'ALLIER

MOULINS

IMPRIMERIE DE C. DESROSIERS

1873

ÉTUDE

SUR LES

COLONIES AGRICOLES D'ALIÉNÉS

> Le travail est un bienfait inappréciable, et la liberté un besoin qu'il n'est pas permis de méconnaître.

Il fut un temps, peu éloigné de nous, où certains hommes, désireux de jeter leur nom au vent de la publicité, soulevèrent, sans en avoir toujours conscience, la question très-grave, quoique trop peu connue, de l'assistance des Aliénés. Sous prétexte de séquestrations arbitraires qui n'ont jamais existé, du moins dans les établissements d'Aliénés institués conformément aux prescriptions de la loi du 30 juin 1838, on a voulu supprimer, sans la connaître, une organisation qui constitue un des plus grands progrès du XIXe siècle.

Après les affreux bûchers qu'on dressait pour brûler de pauvres Aliénés accusés d'être possédés du démon, on supprima à jamais ces idées superstitieuses et ces sentiments barbares, en adoptant pour les déshérités de l'intelligence, considérés exclusivement comme des êtres nuisibles, un mode d'assistance dont la pensée fait horreur : c'était une terrible incarcération qui consistait à enfermer les malheureux fous dans des cabanons infects privés d'air et de lumière, fermés par des portes chargées de ferrures, munies quelquefois d'un guichet grillé destiné à montrer aux curieux, pour de l'argent, ces pauvres malades condamnés à mourir dans les conditions les plus affreusement misérables qu'il soit possible de rêver.

Après ce régime, heureusement oublié, quoique peu éloigné, après ces terribles incarcérations, des procédés moins barbares furent mis en usage et on se borna à séquestrer tous les êtres humains dont la raison troublée semblait devoir porter atteinte à la société, à la famille, à la sécurité publique.

Des hommes studieux, mais modestes, proclamaient depuis longtemps que les Aliénés étaient des malades qu'on devait avant tout soigner, que la folie était souvent curable, à la condition de lui opposer un traitement rationnel, dont l'expérience tendait tous les jours à affirmer la valeur, que l'isolement produisait des résultats remarquables au point de vue de la guérison ; on finit par admettre que si les Aliénés dangereux devaient être séquestrés, les Aliénés curables seraient avantageusement placés dans les établissements spécialement consacrés au traitement des affections mentales.

La science et la raison humaine ont supprimé à jamais l'horrible bûcher, l'incarcération mortelle, la séquestration abrutissante, pour rechercher les moyens d'appliquer l'isolement bien compris, combiné avec le travail et une liberté relative étendue, si c'est possible, jusqu'aux limites tracées par la loi morale et sociale et la connaissance clinique approfondie des affections mentales.

De cette époque datent les études les plus remarquables sur l'isolement considéré surtout comme moyen curatif de la folie.

Ici, sans entrer dans des détails superflus, nous devons faire remarquer combien peuvent être nombreuses et diverses les interprétations qui ont été attribuées par les hommes les plus compétents au mot *isolement*. Qu'il nous suffise de dire que l'isolement peut être physique ou moral, familial ou social, et ces conditions générales que nous ne voulons pas multiplier peuvent être appliquées de mille manières plus ou moins rigoureuses et caractériser ainsi des nuances infinies. Nous nous bornerons ici à résumer l'idée générale la plus adoptée qui consiste à considérer l'isolement non comme une séquestration nécessaire plus ou moins absolue, mais comme un déplacement ayant pour but principal d'enlever le malade du milieu dans lequel il a contracté son affection pour le placer dans les conditions physiques, morales et médicales les plus favorables à l'amélioration de son état mental.

La science psychologique a fait depuis quelques années de remarquables progrès, quoiqu'elle soit bien loin encore d'avoir atteint ce qu'il nous est permis d'en espérer.

Cette marche rapide et sûre des sciences médicales qui ont trait aux affections mentales est ralentie notablement par des dénigrements injustes, des préventions et des préjugés respectables mais dangereux, un amour-propre que nous n'avons pas ici à qualifier, qui inspire à quelques hommes, étrangers à ces études, le désir de montrer des connaissances qu'ils n'ont pas, et parfois un esprit de critique et de parti pris auquel des hommes compétents font le sacrifice des opinions scientifiques les moins contestables.

Il ne nous paraît plus possible de confondre l'isolement savamment appliqué avec la séquestration qui répugne de plus en plus à la conscience médicale.

Si la loi morale et sociale exige que l'Aliéné soit placé dans l'impossibilité de nuire, la science et l'humanité nous font un devoir d'assurer à ce malade, si tristement affligé, avec le bien-être, faible compensation de ce qu'il a perdu, une existence morale qui, par une liberté relative aussi grande que possible, donne à ses facultés affectives et intellectuelles, troublées mais non détruites, un aliment bienfaisant et des satisfactions éminemment favorables, dont l'heureuse influence ne nous paraissait pas contestable.

Nous sommes loin, sur cette question, de partager les sentiments d'un homme qui a rendu à la science et aux Aliénés les plus éminents services, mais qui croyait qu'il n'y avait plus rien à faire pour les déshérités de l'intelligence.

« Liberté ! c'est là en effet un de ces mots devant lesquels tout homme d'intelligence et de cœur commence par s'incliner, le mot est saint et la chose est par dessus tout désirable, mais *la liberté sous toutes ses formes et à tous ses degrés* suppose l'état de *raison*. N'est-ce pas profaner ce nom que de l'invoquer, comme principe, quand il s'agit de l'état d'aliénation mentale ? » (Parchappe, 1865.)

Nous, qui avons confiance dans le progrès, qui croyons que la science n'a pas dit son dernier mot, en considérant l'Aliéné comme un malade que nous avons le devoir de secourir par tous les moyens, nous demanderons pour ces malheureux déshérités une somme aussi grande que possible de cette liberté qu'on leur refuse, à la condition exclusive qu'elle ne puisse porter aucune atteinte à la morale, à la famille et à la société.

Si nos Asiles sont d'excellents instruments de guérison pour l'aliénation mentale, c'est parce qu'ils n'ont rien qui ressemble à la prison, et qu'on s'efforce d'y répandre, à côté des garanties nécessaires, un air de liberté qui ne permette pas de qualifier ces établissements par la dénomination critique souvent employée d'*Asiles fermés*.

Un observateur qui visite un établissement d'aliénés ne tarde pas à se convaincre que sur cent malades, deux ou trois à peine nécessitent une surveillance spéciale et parfois des moyens de contrainte destinés à les empêcher de nuire aux autres ou à eux-mêmes. Ces exceptions ont paru si rares qu'on a eu l'idée en Angleterre, de supprimer ces moyens de contrainte en employant pour ces cas des chambres matelassées afin de laisser aux malades la liberté complète de leurs mouvements.

L'expérience démontre tous les jours que la majorité des aliénés est susceptible de travailler et de jouir sans inconvénient d'une certaine somme de liberté qui ne peut que leur être éminemment salutaire. Ainsi le Dr Belloc a-t-il affirmé avec une conviction profonde qu'il puisait dans sa grande expérience que la *Ferme-Asile* avait pour principe le travail qui réhabilite, qui élève et qui ennoblit (février 1866).

Les Asiles fermés, dans l'acception propre du mot, s'il en existe encore, sont destinés à disparaître, car il n'est pas possible que la science et l'humanité consentent à rétrograder.

Nos Etablissements d'aliénés sont destinés à prendre l'aspect d'une immense ruche où le travail sous toutes ses formes jouera un très-grand rôle.

Nous assistons tous les jours, de la part de visiteurs qui voient nos ateliers fonctionner, à des surprises étranges qui ne s'expliquent que par des préjugés qui pèsent encore sur la folie. On ne peut comprendre comment des travaux qui ne redoutent aucune comparaison, ont été exécutés par de pauvres fous, et on se demande si ces ouvriers qu'on voit travailler de tous côtés sont bien des Aliénés.

L'Assistance des Aliénés a donné lieu à de nombreuses discussions, parfois passionnées, toujours brillamment soutenues par des hommes éminents et également recommandables, quoique les idées souvent opposées aient produit des modes divers dont on trouve les résultats pratiques dans différentes parties de l'Europe.

En Belgique, il existe depuis longtemps deux systèmes absolument opposés, l'asile fermé et la colonisation de Gheel, qu'il ne faut pas confondre avec les colonies annexées ou détachées. A Gheel, dont les admirateurs enthousiastes n'ont pas manqué, les Aliénés sont placés chez les habitants et participent à leurs travaux, à leur aisance ou à leur gêne. Les grossesses qui se produisent parfois, proviennent toujours des étrangers ou des nourriciers, jamais des Aliénés. On a remarqué que la population avait une physionomie hébêtée et paraissait moins intelligente que dans les villages où il n'y a pas d'Aliénés. Nous ne croyons pas devoir entrer dans les discussions interminables qui ont été soulevées bien des fois à propos de cette colonie de Gheel, dont nous repoussons entièrement le système, surtout si comme on l'a voulu il était question de supprimer nos Asiles français pour les remplacer par la colonisation.

En Angleterre et en Ecosse, Conolli a fait adopter le système des cottages, qui, d'après Parchappe, rappelle nos anciennes petites maisons ; ce système, assez coûteux, offre ce côté assez avantageux, qu'on y applique sous la direction administrative et médicale, qui exclut toute idée de spéculation et d'intérêt, le principe du no-restreint, de la liberté relative et du travail à l'air libre.

Le troisième système, le plus généralement employé,

à des degrés divers, et pour nous de beaucoup le meilleur, est la Ferme-Asile, c'est-à-dire l'Etablissement d'Aliénés avec une colonie agricole annexée ou détachée qui constitue le complément le plus avantageux qu'il soit possible de désirer.

Après avoir vu soutenir pendant ces dernières années des théories on ne peut plus exagérées sur cette question d'assistance des Aliénés, après que de nombreuses brochures et même des hommes sérieux avaient vivement attaqué le système de nos Asiles accusés de produire l'incurabilité et la mort, après ces luttes violentes qui avaient pour but d'appliquer dans toute la France le système de Gheel, inapplicable partout ailleurs, nous étions loin de supposer qu'on trouverait anti-médicale, anti-humanitaire, l'idée de créer comme complément d'un asile départemental, une colonie agricole détachée.

Sans donner à cette question, dont l'importance n'échappe à personne, toute l'étendue qu'elle comporte, il nous a paru utile de résumer les points qui établissent les avantages médicaux, humanitaires, administratifs et financiers résultant de son application dont on semble contester la convenance parce qu'on n'ose pas toujours attaquer directement le principe et peut-être aussi pour des raisons qui n'ont rien de commun avec la science et l'administration bien comprise.

Le Dr Turk, partisan enthousiaste du placement des aliénés chez les habitants de village, accusait les Asiles dont il poursuivait la suppression complète, de donner aux malades une nourriture insuffisante, et prêtait à tout homme sensé une arme puissante contre sa propre doctrine. Aussi l'inspecteur-général Parchappe, accusé par M. Delasiauve de croire que tout était pour le mieux dans la meilleure des organisations et que la bienfaisance en ce qui touche les aliénés avait atteint les colonnes d'Hercule, n'eut pas de peine à répondre à cette critique en s'écriant dans un discours bien connu : « A qui persuadera-t-on qu'un régime dans lequel entrent cinq fois par semaine au moins une soupe grasse et une ration de viande qui n'est nulle part moindre que 150 grammes avant préparation, puisse exercer une influence fâcheuse sur la mortalité par le défaut d'alimentation animale et par une exagération de substance végétale ? »

« Qui donc parmi les observateurs attentifs et judicieux, n'a pas reconnu que l'ampleur avec laquelle il est possible d'introduire les légumes frais dans le régime alimentaire des aliénés, ne soit l'un des avantages offerts au point de vue hygiénique par le développement donné aux exploitations culturales dues à ces établissements ? »

Ces considérations qui combattent si vivement le système de la colonisation à outrance, sont pour nous un véritable programme rigoureusement appliqué dans l'Asile départemental de l'Allier, avec cette modification que la quantité de viande allouée à chaque malade est supérieure au chiffre donné par Parchappe.

En 1861, le Dr Billot, directeur médecin de l'Asile d'Aliénés d'Angers, publia un article remarquable, quoique bien critiqué, qui lui valut de la part du préfet de Maine-et-Loire une lettre fort élogieuse dont nous extrayons ce qui suit : M. le ministre de l'intérieur, a qui j'ai soumis, selon votre désir, l'étude économique que vous vous proposez de publier sous le titre : *De la dépense des Aliénés et de la colonisation considérée comme moyen pour les départements de s'en exonérer en tout ou en partie*, me fait savoir par dépêche du 28 novembre qu'il a examiné ces pages avec intérêt et qu'il reconnaît que vous y développez heureusement les avantages du système que l'administration supérieure recommande de préférence à tout autre. L'introduction du travail agricole dans les établissements publics d'Aliénés est un progrès considérable, tant au point de vue financier qu'au point de vue curatif, et M. le ministre est disposé à encourager tout ce qui peut en favoriser l'extension. »

Le Dr Billot, qui avait en vue, non pas la colonisation assimilée au système de Gheel, mais la ferme agricole annexée ou détachée, dépendante de l'administration de l'Asile, affirmait après avoir sérieusement étudié la question et subi toutes les critiques qu'on lui avait adressées, qu'il n'y avait aucune exagération à évaluer à 15 0[0 les revenus d'une exploitation dans laquelle la main-d'œuvre et l'engrais sont réduits au minimum des dépenses.

Parchappe qui ne connaissait et n'admettait que la culture maraîchère, toujours très-restreinte, déclarait cependant que nos établissements étaient depuis longtemps engagés, sous le point de vue de l'organisation du travail, même par l'exploitation culturale, dans la bonne voie.

Ce *qu'il y a véritablement à faire*, dit-il, *c'est de donner aux asiles qui en sont dépourvus, les ressources qui leur manquent relativement à ce genre d'occupations à la fois utiles aux malades et profitables aux Etablissements. C'est de développer ces ressources partout où elles sont insuffisantes, en recourant aux fermes* DÉTACHÉES, *toutes les fois que les fermes annexées feraient défaut.*

« A ce point de vue, les sacrifices faits par les administrations publiques pour doter les Asiles de la possession de terrains, *même considérables*, ne seront pas perdus; même dans les conditions ordinaires de rendement, ces terres représenteront un revenu annuel qui atténuera annuellement l'importance de la subvention d'entretien. Si, comme on l'a proposé, cette dotation équivalait à un capital d'un million, pour un Asile de 500 Aliénés, il serait raisonnable d'en attendre une diminution corrélative dans la subvention annuelle à payer. »

Parchappe, en acceptant le principe que le département de l'Allier va appliquer pour ses aliénés, fait entrevoir des dépenses dont nous n'avons pas à signaler l'exagération et la portée; il veut bien une colonie agricole détachée, même considérable, mais il parle de moyens absolument impraticables. Quel est le département, qui, avec les charges actuelles et les idées du jour, consentirait à dépenser un million pour donner aux Aliénés du bien-être, du travail et une somme plus considérable de liberté. Mais, le jour où on trouve le moyen d'obtenir un résultat avantageux, sans s'imposer des sacrifices qui ne sont plus permis aux départements dont les ressources sont toujours insuffisantes, on se voit obligé à soutenir une thèse contraire à ce qu'on a dit et écrit, ou à critiquer des détails sans importance. On accepte les colonies agricoles qu'on n'ose pas refuser, mais on leur impose des conditions irréalisables ; et les assemblées départementales, placées en face d'impossibilités et de dépenses au-dessus de leurs moyens, renoncent à tout projet, et laissent les choses en l'état. Les Asiles d'Aliénés n'ont pas comme les hospices et les hôpitaux, le bonheur de trouver des bienfaiteurs ; nos malades qui, jusqu'à présent, nous devons l'avouer, n'inspirent que la curiosité, l'indifférence ou la crainte, à l'exclusion des sentiments charitables dont il nous serait trop facile d'affirmer leur droit, sont aussi déshérités sous ce rapport qu'au point de vue de leur intelligence. Il est triste de reconnaître que pour ces malheureux on fait beaucoup de philanthropie, mais elle est le plus souvent platonique. On plaint ces pauvres malades, on voudrait les savoir aussi heureux que possible, mais on demande pour eux tant de choses, qu'il est toujours impossible de rien accorder.

Parchappe, dans son discours de 1865, dit : « Les projets de fondation de colonies, ne peuvent motiver une discussion que si on les considère, selon le vœu de quelques réformateurs, comme un système général d'institution d'assistance publique à substituer à nos Asiles. »

Si on les envisage au point de vue restreint *d'institution complémentaire*, leur utilité est en principe, *incontestable*, *incontestée*, universellement reconnue, et en fait, on s'est dès longtemps appliqué à en réaliser tous les avantages dans l'organisation de nos Asiles par la création des fermes annexées ou *détachées*.

« J'accepte parfaitement la ferme *détachée* qui depuis longtemps a été réalisée dans des proportions variables, non-seulement à Clermont, Dôle, mais encore par l'initiative de l'inspection générale du service, à Limoges, à Lyon, etc.. »

En 1859, la colonie détachée de Fitz-James, contenait 180 hectares. Les bénéfices de la ferme, avoués par les frères Labitte, qui se sont toujours montrés opposés à ces institutions qu'ils ont cependant fondées et étendues ; étaient de 32,154 fr. ou 178 fr. par hectare. Parchappe, en rappelant ces chiffres, ainsi que ceux renfermés dans le tableau suivant, constate qu'ils démontrent que la colonie doit être appliquée dans un but plutôt moralisateur et bienfaisant que lucratif.

NOMS DES ASILES.	ÉTENDUE de terrains cultivés.	FRAIS d'exploitation.	PRODUIT net.	PRODUIT par hectare	OBSERVATIONS.
EN 1846.					
Hanwell	20 h.	32,891 50	12,231 »	611 55	Moyenne par hectare anglais. 455 fr. 85
Wakefield	20 h.	23,819 75	10,877 75	543 88	
Surrey.	35 h.	35,959 50	12,064 50	344 70	
La Retraite . . .	9 h.	14,581 25	3,410 35	378 91	
EN 1859.					
Colney-Hatch . .	33 h.	56,800 »	16,700 »	506 06	
EN 1862.					
Wiltz.	16 h.	8,575 »	5,600 »	350 »	
EN 1864.					
Armentières . . .	22 h. 43 a.	23,033 58	8,441 23	370 43	Français. 429 fr 64
Quatremares. . .	26 h.	20,356 10	10,699 25	411 50	
Blois.	14 h. 64 a.	5,807 »	13,586 06	928 »	
Napoléon-Vendée	20 h. 45 a.	9,260 »	3,935 54	192 44	
Pau	20 h.	12,924 78	6,506 12	325 30	

Ces chiffres que Parchappe a choisis à l'appui de ses assertions, destinés à annihiler le côté administratif et financier après avoir admis le principe philanthropique et médical, nous semblent prouver au contraire qu'il y a dans l'exploitation agricole des ressources précieuses pour le bien-être et la prospérité des établissements.

Nous constatons des revenus très-satisfaisants malgré des frais d'exploitation considérable dont on cherche vainement à s'expliquer l'exagération. Les Asiles français malgré une dépense moyenne de 700 fr. par hectare (qui en Angleterre atteint près de 1,300 fr.) obtiennent encore un revenu net de 429 fr. 64 ou un produit brut de 1,129 fr. 64.

Quoique ces exploitations diverses soient loin de ressembler, du moins par l'étendue et la spécialité, à la colonie agricole d'aliénés dont le Conseil général de l'Allier vient de décider la création dans un but exclusivement humanitaire, il nous est permis de comparer les résultats que nous sommes en droit d'espérer à ceux qui ont été obtenus.

S'il est vrai que le revenu doit diminuer proportionnellement à l'accroissement de l'étendue, il nous paraît incontestable que les frais d'exploitation doivent subir une progression décroissante au moins aussi rapide ; ce qui laisserait le revenu net moyen par hectare à peu près le même.

Une propriété de 150 hectares donnant un revenu net de 400 fr. par hectare produirait donc 60,000 fr. Nous n'avons pas l'ambition d'atteindre ce résultat qui semble, pourtant devoir être déduit des chiffres donnés dans un but tout-à-fait différent, mais il nous est bien permis d'espérer quelques avantages financiers confirmés par le bas prix des terrains, la diminution considérable des dépenses en main-d'œuvre et en engrais, et aussi par cette considération d'une grande valeur à nos yeux, que la viande, le pain, les comestibles, le fourrage et la paille pour litière ou paillasse que nous pouvons obtenir en partie notable dans notre colonie, absorbent tous les ans plus de 70,000 fr.

Notre colonie affermée 7,000 fr., doit nous donner, indépendamment des prairies faites ou à faire, des bois, des étangs, des chemins, etc., environ cent hectares de terre en culture que nous n'avons pas l'intention, comme on a semblé le croire, de transformer en jardin potager. Nous voulons surtout appliquer la grande culture, dont on a contesté l'utilité et les avantages, qui exige évidemment proportionnellement à l'étendue, beaucoup moins de bras que la culture maraîchère.

Ce mode d'exploitation nous paraît plus médical et plus en rapport avec les sentiments humanitaires et le progrès, que celle qu'on adopte le plus généralement et qui doit être conservée dans une certaine mesure pour donner satisfaction aux besoins de l'Etablissement.

La population du département de l'Allier est surtout agricole et on ne fera croire à personne qu'il n'y a ici que des jardiniers. Les travaux de la colonie trouveront donc parmi nos malades un très-grand nombre d'aptitudes dont l'application rapprochera ces malheureux de leurs habitudes antérieures, de leurs occupations, de la vie au grand air avec une liberté aussi étendue que possible, et cet isolement moral si nécessaire et si puissant.

La variété des travaux, l'intérêt qu'on est forcé de porter à tout ce qui arrive, à la marche du temps et des récoltes, ne peuvent que produire une heureuse diversion aux idées délirantes, les user et les faire oublier, pour ainsi dire, dans un milieu qui n'offre aucune ressemblance avec les dortoirs, les cours, les préaux, et le bruit inévitable de l'Asile central.

L'Inspecteur-général Lunier, dans une étude sur l'aliénation mentale en Suisse (1868) s'exprime ainsi :

« Saint-Pirminsberg a une ferme détachée à une certaine distance de l'Etablissement. Dans quelques Asiles de la Suisse, ce ne sont point seulement les hommes qui sont occupés habituellement aux travaux des champs, mais bien aussi les femmes, comme cela se fait d'ailleurs dans quelques-uns de nos Asiles de la France, à Toulouse, par exemple. Il serait à désirer qu'il en fût de même dans tous les établissements.

Le directeur de la Rosegg, M. Cramer, envoie indistinctement aux travaux des champs les pensionnaires et les indigents ; je considère cette mesure comme rationnelle à tous égards. »

En Suisse, la proportion des travailleurs varie de 30 à 75 pour cent. Répondant aux critiques de M. Lentz, M. Lunier affirme que la Ferme-Asile, bien conçue, établie à une certaine distance de tout centre populaire, sur une vaste étendue de terrains achetés à bas prix, constitue une amélioration considérable. « Que M. Lentz condamne l'Asile fermé tel qu'on le concevait il y a *trente ans*, rien de mieux, mais il a tort de se montrer presque aussi sévère pour la Ferme-Asile, à laquelle il préfère la colonie de Gheel. »

Le Dr Muschler, après une visite de Gheel, fait de cette colonie les plus grands éloges, et il pense que sans détruire les asiles qu'il considère comme de tristes établissements, on pourrait facilement créer des centres analogues pour les malades auxquels le système familial serait praticable.

Brierre de Boismont, dans une analyse d'un journal américain, après avoir constaté que la majorité des médecins-américains était opposée à la création d'asiles séparés pour les aliénés chroniques soutenue par les Drs Cook et Chapin, croit qu'il y a un moyen-terme qui serait profitable aux malades ; ce serait l'adjonction de Fermes-agricoles, mais sous la direction du médecin de l'Asile-central.

M. le Dr Workman, surintendant médical de l'Asile de Torento, a traité cette question pour le Haut-Canada, où il existe plusieurs établissements de ce genre, placés sous la direction de l'Administration municipale. Dans l'espace de dix ans, la mortalité des Asiles de l'*Université* et d'*Orillies* a varié entre 2, 7 et 3, 2 pour cent.

« Le tribut proportionnel payé à la mort est toujours en raison directe des mauvaises conditions dans lesquelles on vit, toutes choses d'ailleurs égales. (Villermé). »

Le travail dans les Asiles des chroniques les mieux dirigés *n'a pu subvenir à leur entretien*. Il conclut que ces établissements donnent aux malades une grande somme de liberté et de bien-être, plusieurs guérisons ont eu lieu par l'influence du changement d'endroit et la mortalité a été singulièrement diminuée.

Le Dr Pliny Earle, surintendant de l'Etablissement de Northampton (Massachussets) a, dans un discours, développé ses idées sur l'utilité d'un travail varié et régulier qui enlèverait à la paresse un grand nombre de ses heures perdues, mais il voudrait que tout en négligeant le plus possible la règle, elle fût obligatoire « Il n'est personne, dit-il, qui n'ait vu dans les asiles, des aliénés apathiques, ne se livrant à aucune occupation et végétant ainsi des années. »

L'Asile Saint-Luc possède 23 hectares, plus 14 hectares de landes affermés à 2 kilomètres de Pau ; ces terrains ont produit un bénéfice net de dix mille francs.

Le Dr Castiglioni, médecin du Manicôme de Monbello, succursale de la Sénavra, dit que grâce aux trente-cinq hectares de terrains qu'il possède, on a résolu le problème si agité de notre temps, d'accorder le plus de liberté possible aux Aliénés, et d'imprimer un ample développement au travail sans en faire un objet de lucre. Ce médecin considère le travail comme une occupation utile aux malades et un moyen de diminuer les charges du Manicôme.

Pour le Dr Cyon, le système mixte ou colonie avec Asile central, est le meilleur ; il est persuadé qu'au bout d'un certain temps, un pareil établissement doit se suffire complètement, le travail des malades suffisant à couvrir les dépenses.

Le Dr Lentz (Belgique 1870), dans un travail intitulé : *Une colonie d'Aliénés*, établit les conclusions suivantes :

« Plus d'Asiles d'Aliénés à proximité des centres de populations, ni dans les localités populeuses.

Eriger ces établissements dans des conditions de situation et d'organisation telles, qu'ils puissent toujours devenir le centre d'une colonie dont l'extension ne puisse être limitée que par le défaut de pensionnaires. »

« Il est un fait certain, dit le Dr Billot : c'est que la colonisation peut produire l'exonération partielle, c'est-à-dire concourir avec le produit des ateliers et du pensionnat à la réduction de la dépense d'entretien. »

Dans l'état d'Indiana, l'Asile d'Aliénés, dirigé par le Dr Lockart, est entouré de 750 acres de terre pour une population de 330 malades.

D'après le Dr Robertson, l'hôpital d'Aliénés, situé à une faible distance de Washington, possède 200 acres de terrain dont il est question de doubler l'étendue par de nouvelles acquisitions. *Trente pour cent de la population mâle sont occupés à la ferme. C'est là, dit-il, un moyen de traitement fort estimé.*

Le Dr Walther indique les moyens suivants, destinés à remédier à l'encombrement dans les Asiles : « Créer autant que possible de petits Asiles de districts pour les cas aigus ; rendre l'étude de la psychiatrie obligatoire dans toutes les universités, et mettre chaque Asile fermé en rapport avec une colonie agricole, dans laquelle il puisse déverser son trop-plein de malades inoffensifs et disciplinés. »

Si nous avons reproduit un grand nombre d'opinions émanant des hommes les plus recommandables choisis dans toutes les contrées, ce n'est que pour donner une idée plus exacte que celle qu'on se fait généralement, lorsqu'on veut trancher, sans les connaître, les questions les plus graves, sur les différents modes d'assistance des aliénés, considérée surtout au point de vue du progrès de la psychiatrie, beaucoup trop ignorée.

Nous ne voulons pas entrer dans les détails de l'organisation bien simple, quoique peu comprise, de notre colonie agricole ; il sera assez tôt de la faire connaître lorsque nous aurons à constater les résultats obtenus, mais il nous paraît utile de répondre à la seule critique qu'on ait pu sérieusement invoquer contre cette création qui a suscité des surprises incompréhensibles et des objections que nous n'avons pas à apprécier. On a dit : Mais cette propriété est trop éloignée et surtout trop grande ; les Aliénés ne pourront jamais la cultiver en entier.

Si nous avions trouvé autour de l'Asile des terrains et des bâtiments suffisants et surtout des prix abordables, pour la fondation d'une colonie annexée, nous n'aurions pas hésité à en poursuivre l'acquisition tout autant que les ressources départementales auraient pu le permettre; mais, indépendamment de l'impossibilité absolue de réunir des parcelles disséminées pour en faire un tout homogène et régulier, nous aurions dû payer, cinq fois plus, des terrains de valeur à peu près égale, et diminuer d'autant les revenus que nous devons espérer.

Lorsqu'en trois quarts d'heure on peut se rendre de l'Asile à la colonie, sans avoir à traverser aucune agglomération d'habitants, par un chemin aussi direct que possible, il nous semble que cette facilité et cette rapidité de communication détruisent tous les inconvénients qu'on peut avoir à invoquer.

La position au point de vue hygiénique est certainement plus satisfaisante qu'autour de la ville, et cet éloignement peut être considéré comme avantageux, si on considère le changement de milieu, l'isolement plus complet des causes d'excitation, l'existence à l'air libre dans un espace très-vaste, et la spécialité des occupations qui constitue la plus heureuse des transitions entre la vie de l'Asile, régulière, règlementée, contenue et parfois monotone et triste, pour ceux surtout qui, ne pouvant être occupés faute d'éléments, sont condamnés à passer leur journée dans une cour murée, et la vie de famille, brusquement interrompue par l'explosion de la maladie.

La conviction profonde qu'un principe est utile, désirable et fécond en heureux résultats doit nous pousser à en chercher l'application la plus avantageuse, qui n'est possible qu'à la condition d'abandonner les théories par trop platoniques pour se renfermer exclusivement dans l'étude pratique des éléments infiniment variés dont se composent les ressources, les besoins et les aspirations.

Si nous avions demandé au département de trop grands sacrifices, pour cette œuvre éminemment sociale et humanitaire, dont nous n'osons pas trop affirmer la grandeur et l'excellence tant nous la croyons incontestable surtout si on la juge avec le cœur et la raison dégagés de sentiments et de passions qui ne devraient jamais se rencontrer sur ce terrain neutre de la charité et du progrès, nous aurions très-certainement éprouvé un refus facile à comprendre, et perdu, par trop d'ambition ou par ignorance, la cause qui nous est chère des déshérités de l'intelligence que nous voudrions dédommager par la plus grande somme de bonheur.

Quant à l'étendue des terrains, nous devons tout d'abord affirmer qu'elle constitue une excellente condition pour l'isolement bien compris, et que nous pouvons envoyer à la colonie quarante Aliénés travailleurs s'il le faut, sans nuire en rien aux occupations et aux services de l'Asile ; et de plus, rien ne nous empêche, si cela était nécessaire, d'augmenter le personnel attaché à la surveillance et à la culture, de façon à assurer l'exploitation d'une propriété qui, à notre avis, dans des circonstances ordinaires, serait largement desservie par moins de dix hommes.

Vingt-cinq malades et cinq ou six employés chargés de les surveiller et de travailler avec eux doivent exécuter le plus facilement du monde, si on sait les organiser et les utiliser d'après leurs aptitudes, la plus grande partie des travaux exigés par une exploitation sérieuse et bien conduite.

Lorsqu'on a un peu vécu avec les aliénés, on est si convaincu du parti qu'il est permis d'en tirer à leur avantage, sans jamais leur imposer une fatigue trop grande, qu'on éprouve quelque répugnance à discuter une question dont il est si facile de constater les résultats.

Si des difficultés, que nous ne voulons pas prévoir, ne viennent pas entraver l'organisation et le fonctionnement régulier et nécessaire de notre colonie agricole, nous avons le ferme espoir de démontrer avant deux ans et de la façon la plus évidente, les avantages scientifiques et administratifs que des circonstances exceptionnelles pourraient seules amoindrir sans jamais les détruire.

Le Conseil général de l'Allier, en nous donnant une preuve de confiance qui nous a profondément touché, a ajouté à notre foi dans l'avenir une force nouvelle, qui nous permettra de poursuivre notre but avec toute l'énergie dont nous sommes capable, n'attachant à la réussite d'autre sentiment que la satisfaction de notre conscience et le bonheur d'avoir été utile.

www.ingramcontent.com/pod-product-compliance
Ingram Content Group UK Ltd.
Pitfield, Milton Keynes, MK11 3LW, UK
UKHW012133240726
13965UKWH00005B/2143

9 782013 356091